www.ingramcontent.com/pod-product-compliance
Lightning Source LLC
LaVergne TN
LVHW010637200726

843507LV00011B/1714

9783749709168